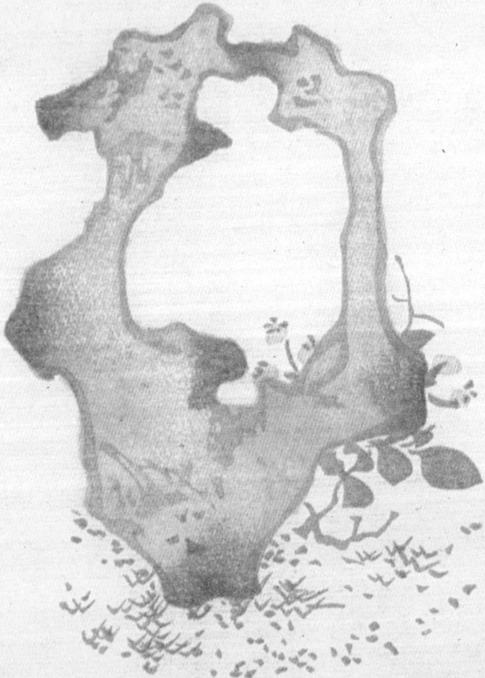

九福
唐駝

果

果

九福
唐駝

果

冷艷
待秋

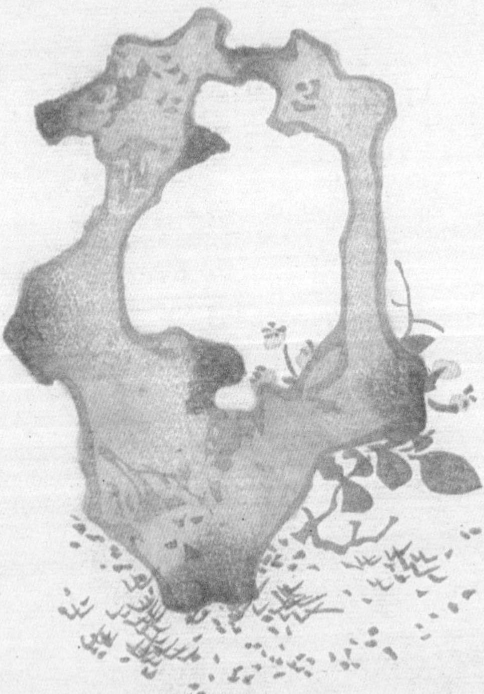

九福
唐駝

果

果

岩逕空無他物自應
聊來饑采芝

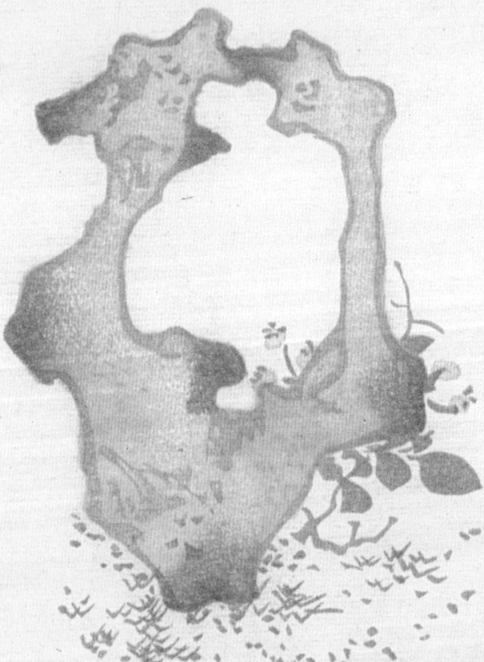

九福
唐駝

果

果

冷艷待秋

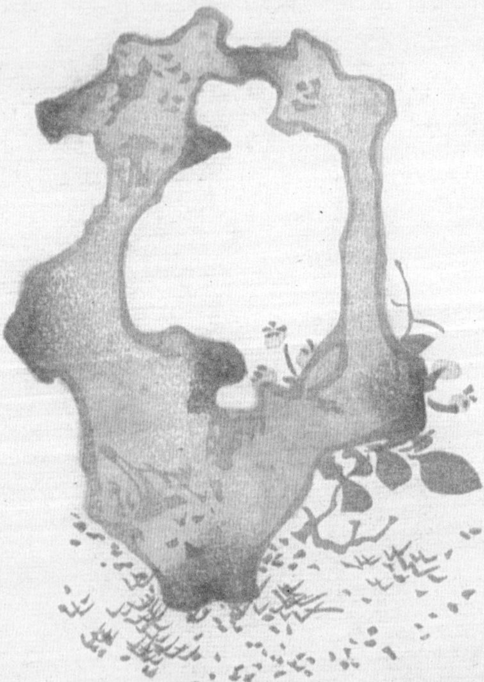

九福
唐駝

果

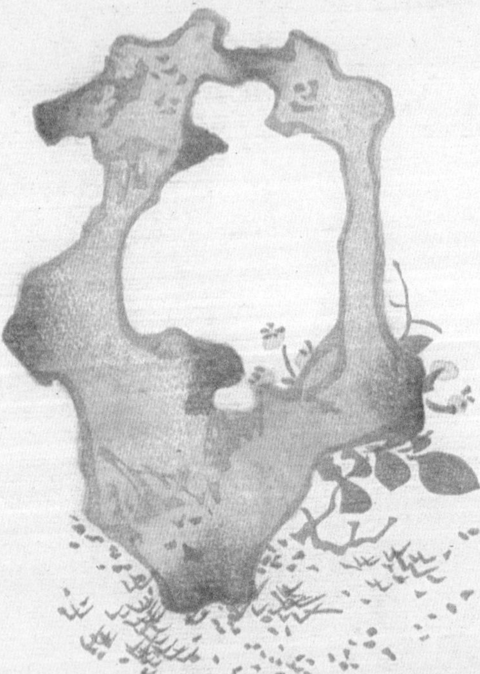

九福
唐駝

果

冷艷

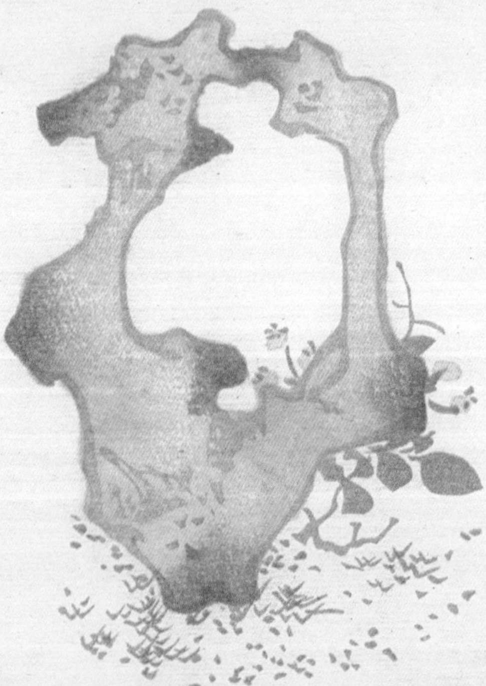

九福
唐駝

果

岩逸家無他物自應
啣來幾朶芝

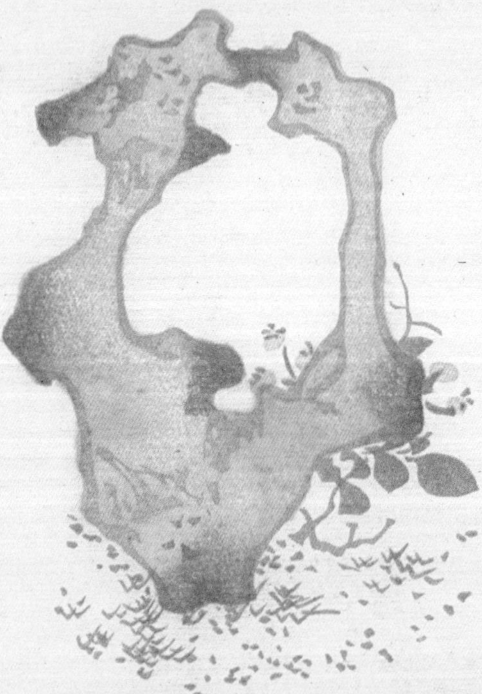

九福
唐駝

果

冷艷